Clarissa v. Reinhardt

All you can eat

Über Hunde, die alles (in sich rein) fressen

ISBN 978-3-936188-71-4
Lektorat: Susanne Artmann
Satz & Layout: Annette Gevatter, Riegel a.K.
Fotos: Fotolia, Pixelio, iStockphoto, Susanne Artmann,
Michaela Rinner, privat
Druck: FINIDR, s.r.o., Český Těšín, Tschechische Republik

Alle Rechte der deutschen Ausgabe:
animal learn Verlag, Am Anger 36, 83233 Bernau
email: animal.learn@t-online.de, www.animal-learn.de

Inhalt

Vorwort

Wir alle kennen sie oder haben zumindest schon von ihnen gehört, von den sogenannten „Staubsaugerhunden", die wahllos alles in sich hineinfressen, was drinnen oder draußen zu finden ist. Ob weggeworfene, halb vergammelte Lebensmittel, vom Baum heruntergeholte Meisenknödel, herumliegende Tempotaschentücher und Zigarettenstummel, Socken, Spielzeug oder Teile davon, sogar Steine und andere Gegenstände – es ist nicht nur unangenehm, wenn ein Hund das tut, sondern auch wirklich gefährlich. Von einem verdorbenen Magen, einem Magen- oder Darmverschluss bis hin zur Vergiftung ist leider alles drin und deshalb ist es so wichtig, dass dieses Verhalten aufhört. Manche Halter und Trainer greifen daher zu allen möglichen Erziehungsmethoden, um es so schnell wie möglich zu stoppen, aber nicht alle Methoden sind dabei sinnvoll und erfolgreich, manche sind eher am Thema vorbei und einige sogar tierschutzrelevant.

In jedem Fall sollte vor einem Training immer die Frage nach der Ursache für das Verhalten stehen, denn so unterschiedlich diese sein kann, so unterschiedlich ist auch ein erfolgreicher Trainingsansatz. Ein Hund, der nach langen Hungerzuständen alles wahllos herunterschluckt, was er finden kann, braucht ein ganz anderes Training als einer, bei dem das „In-Sich-Hineinfressen" – im wahrsten Sinne des Wortes! – seelische Ursachen hat, die in diesem Verhalten kompensiert werden.

Deshalb möchte ich mich im ersten Kapitel der Ursachenforschung widmen und im gesamten Buch anhand von Fallbeispielen aufzeigen, wie viele unterschiedliche Gründe es dafür geben kann, dass ein Hund ständig das Bedürfnis hat, zu fressen.

Ursachenforschung

Ursache Hunger

Wie schon erwähnt, kann es ganz unterschiedliche Gründe dafür geben, dass ein Hund wahllos alles in sich reinfrisst, was er finden kann. Der Offensichtlichste ist Hunger. Jedes Individuum, das vor allem über längere Zeiträume hungern musste, ist zunächst einmal von dem unbedingten Willen geprägt, zu fressen. Die Nahrungsaufnahme wird zum zentralen Dreh- und Angelpunkt des Tages, denn ständiger Hunger beherrscht Körper, Geist und Seele. Besonders in der Zeit des Wachstums – und deshalb

Futter in ausreichender Menge steht Straßenhunden oft nicht zur Verfügung. Viele sind deshalb sehr schlank bis hin zu abgemagert.

Nicht nur Straßenhunde, auch heranwachsende und erwachsene, in Haushalten lebende Hunde sind aufgrund falscher Ernährungstipps oft lebensgefährlich unterernährt.

ist es so schlimm, dass nicht nur Hunde in den berüchtigten Auffanglagern Süd- und Osteuropas, Russlands und Frankreichs, sondern sogar wohlbehütete Welpen und Junghunde in ganz normalen Haushalten viel zu dünn sind. Das hat seine Ursache unter anderem in der falschen und/ oder mangelhaften Aufklärung durch Tierärzte, Ernährungsberater, Züchter und Verkaufspersonal in Tierfachgeschäften.

Immer wieder sind junge Hunde zu sehen, bei denen die Rippenbögen auf zwei Meter Entfernung zu sehen sind, die Beckenknochen herausstehen und andere Anzeichen einer Unterernährung zu sehen sind, während die Halter erklären, ihr Tierarzt, Ernährungsberater und/ oder Züchter habe versichert, der Hund sei optimal ernährt. Auch in meiner Hundeschule sind solche Fälle in den vergangenen zehn Jahren vermehrt zu sehen, was wirklich sehr traurig ist. Bei Rückfragen bei den entsprechenden Stellen erhalte ich dann immer die gleiche Antwort: Der Hund solle insbesondere in den Wachstumsphasen kurz gehalten werden, damit er später nicht zu dick wird und damit das Größenwachstum gebremst werde, denn schließlich sei erwiesen, dass zu große und zu schnell gewachsene Hunde oft Probleme mit dem Bewegungsapparat bekämen. Ich kann über so viel Unsinn nur den Kopf schütteln.

Eine vernünftige Ernährung in den Wachstumsphasen schließt nicht nur eine Überversorgung aus, sondern auch eine Mangelernährung, die ebenfalls zu ganz erheblichen Problemen führen kann, wie im Fall des Kuvasz-Rüden Obelix, der im Alter von 18 Wochen in meine Hundeschule kam. Als ich ihn im Vorge-

Die Futtermenge für Welpen und Junghunde muss ihrem Wachstum kontinuierlich angepasst werden.

spräch zum Training streichelte, bemerkte ich sofort, dass er unter dem plüschigen Welpenfell viel zu dünn war. Auf meine Rückfrage bei der Halterin versicherte mir diese, dass der Hund nicht nur in den letzten Wochen mehrfach von einem Tierarzt angesehen worden war, sondern auch extra nach dem Ernährungsplan einer (von wem eigentlich?) ausgebildeten Ernährungsexpertin für Hunde gefüttert wurde.

Als ich mir diesen Plan ansah, wurde schnell klar, dass die Portionen für das Alter von elf Wochen errechnet und dem Alter und Wachstum des Hundes seitdem nicht mehr angepasst worden waren! Und das, obwohl die „Ernährungsexpertin" auch die bisherige Trainerin des Hundes war, die ihn zweimal wöchentlich sah. Das Ergebnis war leider eine Knochenfehlstellung, die sich aufgrund der Mangelernährung entwickelt hatte. Zusätzlich war Obelix für sein Alter viel zu schmächtig. Wen wundert es, dass einer der Trainingswünsche der Kundin darin bestand, dem jungen Rüden abzugewöhnen, draußen alles in sich reinzuschaufeln, was an Fressbarem zu finden war?! Leider ist Obelix überhaupt kein Einzelfall, weshalb ich es mir zur Gewohnheit gemacht habe, jeden Hund auf seinen Ernährungszustand zu überprüfen – vor allem die mit plüschigem Fell, bei denen man eine Unterernährung nicht auf den ersten Blick sieht.

Wichtig zu wissen ist, dass Hungerzustände in den lernintensiven Welpen- und Jugendphasen einen sehr bleibenden Eindruck bei den betroffenen Hunden hinterlassen. Oftmals haben sie im Lernprogramm fest verankert, Fressbares schnell zu schlucken und es gegebenenfalls auch massiv zu verteidigen. Das schnelle Herunterschlucken wird durch Halter perfektioniert, die versuchen, dem Hund die Beute aus dem Fang zu nehmen, abzujagen oder durch Strafe zu verleiden. Schnell weg damit, bevor Herr-

„Schnell weg damit, bevor mein Mensch es mir wegnimmt!"

chen/ Frauchen darauf aufmerksam wird oder es wegnimmt. Die massive Verteidigung ist darin begründet, dass Nahrung als überlebenswichtige Resource nicht ausreichend zur Verfügung steht und deshalb gut geschützt werden muss. Selbstverständlich können sich beide Verhaltensweisen auch bei erwachsenen Hunden ausbilden, aber meist nicht so fest verankert wie bei Welpen und Junghunden. Beim Training ist viel Fingerspitzengefühl gefragt, damit sie sich nicht noch vertiefen.

Füttern aus der Welpenschale

Das schnelle Herunterschlingen irgendwelcher Nahrung wird übrigens auch durch die Fütterung aus sogenannten Welpenschalen begünstigt! Manch einer mag es niedlich finden, wenn sich sechs, acht oder mehr Welpen um einen Napf drängen und mit aufgeregt wedelnden Ruten versuchen, möglichst schnell etwas von dem begehrten Futter abzubekommen. Pädagogisch und ernährungsphysiologisch sinnvoll ist diese Art der Fütterung jedoch absolut nicht, weshalb Sie nicht bei einem Züchter kaufen sollten, der sie praktiziert, denn er verfügt offensichtlich nicht über ausreichend viel Fachwissen, sonst würde er das nicht tun. Das Resultat sind nämlich Welpen, die lernen, möglichst schnell zu schlingen und am Futter zu drängeln, um möglichst viel abzubekommen. Wer sich nicht wie ein Rambo aufführt, bekommt zu wenig – was bei den Würfen auch oft zu

Füttern aus der sogenannten Welpenschale begünstigt ein schnelles Hinunterschlingen der Nahrung und Futterneid.

sehen ist. Da heißt es dann, „der da" sei etwas schmächtig, eigentlich immer schon ... Nach dem Kauf beobachten die Halter dann, wie der junge Hund gierig alles vertilgt, was ihm hingestellt wird – und bei vernünftiger Fütterung auch endlich zunimmt. Oft höre ich Sätze wie, „Der tat uns so leid, der hatte immer Hunger!" oder „Bei der Fütterung wurde er immer abgedrängt und bekam fast nichts ab, er war auch der Schmächtigste."

Überfütterung macht auch hungrig!

Aber nicht nur Hunger, auch ständige Überfütterung kann dazu führen, dass der Hund nur noch ans Fressen denkt. Das hängt damit zusammen, dass sich sein Magen an überdimensioniert große Portionen gewöhnt hat und das Belohnungszentrum im Gehirn stark auf Nahrungsaufnahme fokussiert ist. Das wiederum kann viele Gründe haben. Nach wie vor glauben zum Beispiel manche

Viele gesundheitliche Probleme wie z. B. erhöhte Blutfettwerte und Herz-Kreislauf-Probleme entstehen durch Überfütterung.

Halter, die Liebe zu ihrem Hund am besten dadurch zum Ausdruck zu bringen, dass sie ihn ständig füttern. Sie selbst empfinden Essen als etwas besonders Lustvolles, das sie auch ihrem Hund nicht vorenthalten wollen. Deshalb haben dicke Menschen auch oft – wenn auch nicht immer! – übergewichtige Hunde. Bei logischer Betrachtung ist natürlich klar, dass man seinem Tier durch erhöhte Blutfettwerte, zu viel Gewicht auf den Gelenken, Herz-Kreislauf-Probleme und viele weitere gesundheitliche Probleme, die aus dem Übergewicht resultieren, überhaupt keinen Gefallen tut. Aber sagen Sie das mal jemandem, der in dem Glaubensbekenntnis „Viel Essen macht glücklich" steckt.

Eventuell wird durch das übermäßige Füttern auch das schlechte Gewissen darüber beruhigt, dass der Halter viel zu wenig Zeit für seinen Hund hat, zu wenig mit ihm spazieren geht oder spielt und ihm dann wenigstens bei der Nahrungsaufnahme viel Gutes tun will. Der Hund gewöhnt sich – auch mental – an große Portionen und ständiges Fressen, bis er schließlich Gewichtsprobleme hat und trotzdem immer weiter fressen will. Die Macht der Gewohnheit im Magen und im Kopf: fressen, fressen, fressen.

Der Hund ist unterernährt

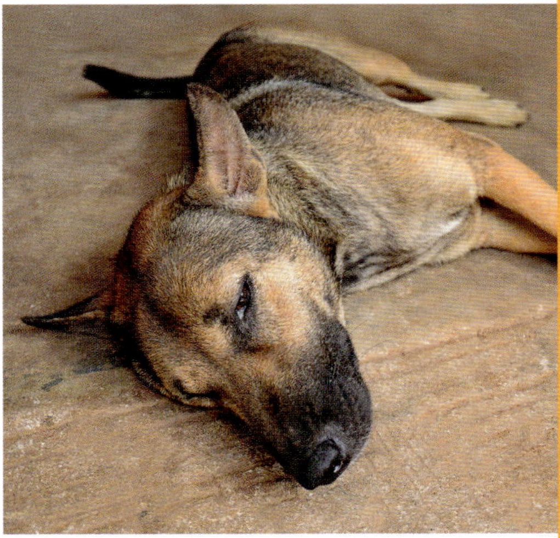

Interessant ist, dass manchmal auch genau das Gegenteil zu beobachten ist: Übergewichtige Menschen haben richtig gut ernährte Hunde, die vor Gesundheit strotzen – oder auch viel zu dünne, weil sie zumindest bei ihrem Tier nicht die gleichen Fehler machen wollen wie bei der eigenen Ernährung. Manchmal wird dann in dem unbedingten Willen, den Hund nicht so dick werden zu lassen wie sich selbst, das Gegenteil erreicht und der Hund ist regelrecht unterernährt, was dazu führt, dass er nur noch Hunger hat und überall auf der Suche nach Fressbarem ist. Gleiches gilt für Menschen, die aufgrund einer Essstörung selbst stark untergewichtig sind, denen das aber aufgrund einer gestörten Eigenwahrnehmung als Ideal gefällt und die es deshalb auf ihren Hund übertragen.

Und auch die Hunde von Demenzerkrankten, die sich einfach nicht daran erinnern, ihr Tier füttern zu müssen und denen es in ihrer oft gestörten Realitätswahrnehmung auch nicht auffällt, dass er immer dünner wird, sind manchmal unterernährt. Es steckt keine böse Absicht dahinter, hat für den Hund aber trotzdem fatale Folgen. Deshalb sollten Sie unbedingt reagieren, wenn Ihnen auffällt, dass ein Hund stark abnimmt, ständig nach Futter sucht, gestresst wirkt usw. Sprechen Sie die Halter an und entnehmen Sie den Antworten, ob ein Problembewusstsein vorhanden ist und der Hund bereits Hilfe (zum Beispiel bei einer Krankheit durch tierärztliche Behandlung) bekommt oder nicht. Falls nicht, informieren Sie Angehörige dieser Person, sofern Sie diese kennen oder den örtlichen Tierschutzverein. Der Hund braucht Hilfe!

Für Straßenhunde ist es überlebenswichtig, selbständig ausreichend Fressbares zu finden.

Straßenhunde

Wenn es um das exzessive Aufnehmen von Fressbarem geht, werden oft auch Straßenhunde genannt, die bei ihrem täglichen Überlebenskampf alles verwerten, was irgendwo herumliegt. Und tatsächlich ist es logisch, dass ein Hund, der bisher aus Mülltonnen oder von weggeworfenen Lebensmitteln gelebt hat, dieses Verhalten nicht gleich ablegt, weil er nun in einem Zuhause lebt, in dem ihm gutes Futter in ausreichender Menge angeboten wird. Die Macht der Gewohnheit ist nicht zu unterschätzen. Allerdings sind nicht alle Straßenhunde unterernährt. Manche klappern täglich ihre sicheren Quellen ab wie den Hintereingang einer Küche, wo sie gefüttert werden, eine Müllkippe, auf der täglich die Wegwerfprodukte unserer Luxusgesellschaft entsorgt werden und für einen reichhaltigen Speiseplan sorgen oder eingerichtete Futterstellen, die von tierfreundlichen Menschen unterhalten werden.

Verfressene Rassen

Zusätzlich gibt es Rassen, die berüchtigt für ihr Fressverhalten sind. Beagle, Labrador und Cocker Spaniel zum Beispiel gelten als wahre Staubsauger, die einem guten Happen – was auch immer sie darunter verstehen – gegenüber nie abgeneigt sind. Aber auch hier sollte man nicht allzu schnell „typisch ..." sagen, denn auch bei diesen Hunden können andere Ursachen für übermäßiges Fressen zu finden sein als nur die genetische Veranlagung. Der Labrador Fynn zum Beispiel kam mit seinen Haltern in meine Hundeschule, weil er „typisch für die Rasse", wie mir mit wichtiger Miene erklärt wurde, alles aufnimmt und frisst, was er nur finden kann. Das sollte ich ihm abgewöhnen. Da Fynn eher schlank als gut genährt war, ging ich zunächst mit den Haltern die Art und Menge der Fütterung durch und dabei fiel auf, dass Fynn eigentlich recht große Portionen erhielt, die seine schlanke Linie nicht rechtfertigten. Auf Nachfrage wurde mir bestätigt, dass er beinahe ebenso große Portionen kotete, was in mir den Verdacht aufkommen ließ, dass irgendetwas mit seiner Verdauung nicht stimmte. Eine Ernährungsberatung und eine anschließende gründliche tierärztliche Untersuchung ergaben, dass er eine Bauchspeicheldrüseninsuffizienz hatte und somit das aufgenommene Futter nicht ausreichend verwerten konnte. Zusätzlich war die Art der Fütterung mit stark eiweißhaltigem Trockenfutter nicht sinnvoll. Nach einer Futterumstellung und der Zuführung bestimmter Enzyme nahm er nicht nur zu und kotete angepasste Mengen, sondern war auch deutlich weniger gierig auf das, was sonst so auf der Straße herumlag.

Viele Hunde mögen ihr Trockenfutter nicht und suchen sich deshalb selbst etwas, das ihnen besser schmeckt.

Es schmeckt nicht! ☹

Die Art des Futters kann übrigens auch eine Rolle spielen, wenn der Hund etwas zu fressen bekommt, was er nicht mag. Häufig ist das bei Trockenfutter so, manchmal aber auch bei Frischfleisch oder Dosenfütterung. Nicht jeder Hund mag jedes Futter und in logischer Konsequenz sucht er dann nach Dingen, die ihm besser schmecken. Interessant sind hier oftmals die Antworten der Halter, wenn ich sie frage, ob ihr Hund sein Futter möge. „Nein. Aber irgendwann frisst er`s dann schon", oder „Nicht besonders, aber der Hunger treibt`s rein." Ich erlaube mir dann die Rückfrage, ob sie ihre Liebe und Zuneigung ihrem Hund gegenüber dadurch zum Ausdruck bringen, dass sie ihm wieder und wieder das hinstellen, wovon sie wissen, dass er es nicht mag?! Ich frage sie, wie sie es finden würden, wenn ihr Partner/ ihre Partnerin genau wüsste, dass sie zum Beispiel Knäckebrot nicht mögen und sie genau deshalb Tag für Tag genau das auf ihrem Teller vorfinden. Die häufigste Antwort hierauf ist: „So habe ich das noch nie betrachtet ..."

Futter als Eigenmedikation

Die englische Tierverhaltensexpertin Cindy Engel, die das Fressverhalten und die überaus interessante Eigenmedikation von Tieren weltweit beobachtet und in ihrem Buch „Wild Health" zusammengetragen hat, weist noch auf ein weiteres Phänomen hin.

Manchmal fressen Hunde nämlich gar nicht alles, sondern nur ganz bestimmte Dinge, die wir als unpassend oder ekelerregend empfinden. Hinter diesem Verhalten kann der Versuch des Hundes stehen, zum Beispiel durch das Fressen ausgesuchter Gräser den Magen-Darm-Trakt zu regulieren oder durch das Fressen von Rinde oder Erde eine Mangelernährung auszugleichen. In diesem Sinne kann es also wirklich wichtig sein, genau zu analysieren, was der Hund frisst und welche Wirkung das im Körper hat!

Hunger als Nebenwirkung

Nicht zu vergessen ist auch, dass manche Medikamente als Nebenwirkung Heißhungerattacken auslösen. Am bekanntesten ist dies bei Cortison und einigen Mitteln, die den Blutdruck regulieren. Selbstverständlich wäre es keine gute Idee, die Medikamente einfach abzusetzen. Aber wenn man weiß, dass die Heißhungerattacken und das damit verbundene wahllose Hineinschaufeln von Fressbarem damit zusammenhängen, kann man entsprechend reagieren. Zum Beispiel, indem man dem Hund mehr Futter anbietet, das aber wenig Kohlenhydrate und Fette enthält, also nicht so ansetzt. Hierüber sollten Sie aber in jedem Fall Rücksprache mit Ihrem Tierarzt und/ oder Ernährungsberater halten.

Manche Medikamente, wie z. B. Cortison, können bei Hunden Heißhungerattacken auslösen.

Wichtig: Die Bezeichnung „Ernährungsberater für Hunde" ist nicht geschützt! Jeder darf sich so nennen. Fragen Sie also genau nach, welche Qualifikation Ihr ausgewählter Futterexperte vorweisen kann!

Kompensationsverhalten

Der wohl komplexeste Grund dafür, dass ein Hund – im wahrsten Sinne des Wortes – alles in sich reinfrisst, ist das so genannte Kompensationsverhalten. Hiervon spricht man, wenn sich durch das wahllose Fressen ein innerer Druck entlädt, den das Tier an ganz anderer Stelle aufbaut. Sie können sich das ähnlich vorstellen wie das mehrfache Erbrechen und Wiederfressen des Erbrochenen, das man bei Tieren in Gefangenschaft beobachten kann. Ein Gorilla im Nürnberger Zoo zum Beispiel zeigte

dieses Verhalten täglich über Stunden, in einem trostlos gekachelten Raum sitzend, zur Untätigkeit verdammt, ohne Möglichkeit zu sozialer Interaktion oder sonstiger Beschäftigung. Bei Hunden kommt es aus unterschiedlichen Gründen zum Kompensationsverhalten. Immer ist der Hintergrund aber der, dass er mit irgendwelchen Haltungsbedingungen so unglücklich ist und keinen Ausweg findet, dass der innere Druck irgendwie kompensiert werden muss.

Die Pyrenäenberghündin Lisa war so ein Fall. Als Lisa in meine Hundeschule kam, bot sich ein Bild des Grauens – und das meine ich wirklich so, denn selten habe ich etwas so Grauenvolles gesehen. Die etwas mehr als einjährige Hündin trug einen Maulkorb, ihr Blick war gesenkt, antriebslos lief sie an der Leine neben ihrem Frauchen. Schon allein dieser Zustand beschrieb einen zutiefst unglücklichen Hund. Wie schlimm es um ihr Seelenleben aber wirklich stand, zeigte sich erst beim Blick auf ihre Vorderläufe: Die Pfoten waren so abgenagt, dass man bei jedem

Schritt die Knochen in Bewegung sehen konnte! Nicht nur das Fell und die Haut, auch die dünne Muskelschicht waren von ihr weggebissen worden. Die Halterin war zu mir geschickt worden, weil alle medizinischen Versuche der Heilung fehlgeschlagen hatten und der Tierarzt meinte, hier müsse es ein Problem auf der Verhaltensebene geben.

Eine eingehende Befragungsanalyse über mehrere Stunden ergab Folgendes: Lisa war von ihrer Halterin im Alter von zehn Wochen beim Züchter gekauft worden. Es war ihr erster Hund, mit dessen Anschaffung sie sich einen jahrelangen Traum erfüllte. Sie lebte mit ihrem Mann in einem Haus mit Garten am Rande von München, die Partnerschaft hatte sich totgelaufen, man hatte sich nicht mehr viel zu sagen, lebte nebeneinander her und blieb eigentlich nur zusammen, weil keiner der beiden das noch verschuldete Haus finanziell allein stemmen konnte. Man hatte sich arrangiert, jeder lebte sein Leben. Aber Frau M. fühlte sich einsam, und da ein neuer Partner unter den gegebenen Umständen nicht möglich war, schien ihr der Kauf von Lisa die richtige Lösung zu sein. Obwohl sie wusste, dass ihr Mann Hunde nicht mochte und wirklich unmissverständlich gegen den Einzug eines Hundes in das gemeinsame Haus war, kaufte sie heimlich den Welpen einer noch dazu sehr groß werdenden und stark haarenden Rasse mit der Idee, ihr Mann werde sich beim Anblick dieses süßen kleinen Wollknäuels schon erweichen lassen – und damit hatte sie sich gründlich geirrt! Lisa geriet zwischen die Fronten eines Ehestreits, der immer weiter eskalierte. Der Mann ignorierte die junge Hündin nicht nur, sondern reagierte auf jeden ihrer Kontaktversuche mit barscher Ablehnung. Das ging so weit, dass er sie anschrie und wegschubste oder sogar trat, wenn sie ihm irgendwo im Weg lag, wo er sie nicht haben wollte. Die Frau hingegen überschüttete Lisa mit aller Liebe, die

Die eigenen Empfindungen zu intensiv mit dem Hund zu teilen kann das Tier belasten und zu Verhaltensproblemen führen.

sie zu geben hatte, verwöhnte sie – und weinte sich auch ihren Kummer von der Seele, ihr Gesicht in Lisas Fell vergraben. Für die junge und sehr sensible Hündin waren die heftige Ablehnung einerseits und die gefühlsmäßige Klammerung andererseits zu viel. Sie fing trotz guter und ausreichender Ernährung an, draußen Dinge zu fressen. Von weggeworfenen Fritten oder Brotresten über Zigarettenstummel, Plastik oder Tempos war nichts vor ihr sicher. Sie fraß alles in sich rein. Sogar Steine.

Damals war sie knapp fünf Monate alt und da sich Frau M. Sorgen um Lisa machte, fragte sie ihre Trainerin, was man da tun könne. Kein Problem, meinte diese und fing an, Lisa eine laut scheppernde, mit Steinen gefüllte Dose vor die Füße zu werfen, wenn sie versuchte, etwas in den Fang zu nehmen. So lernte Lisa, die Dinge sehr schnell herunterzuschlucken und in Erwartung der scheppernden Dose, die angeflogen kam, zu fliehen. Deshalb ging die Trainerin dazu über, sie während des Trainings nur noch an der Schleppleine zu führen und sie an der Leine unsanft zu sich herzurucken, während sie sie die ganze Zeit mit „Aus! Pfui!" und anderen Worten anschrie. Wenn sie Lisa bis zu sich herangezogen hatte, „unterwarf" sie sie, indem sie sie auf den Boden drückte, bis die junge Hündin nur noch wimmerte. Das Ergebnis dieses „Trainings" war, dass Lisa immer mehr Dinge immer schneller herunterschlang.

Frau M. wechselte deshalb die Hundeschule und der neue Trainer erklärte ihr, dass es sich um ein Rangordnungsproblem zwischen ihr und ihrem Hund handeln würde. Seine Logik: Ist die Rangordnung geklärt, tut oder lässt ein Hund alles, was der Halter sagt. Da Lisa nicht das tut, was man ihr sagt, nämlich draußen nichts fressen, ist die Rangordnung nicht geklärt. Für Lisa und ihr Frauchen folgten Wochen des Unglücks. Nach Anweisung des Trainers durfte Lisa nicht mehr mit Frauchen kuscheln, das verweichliche den Hund nur. Sie durfte nicht mehr in ihrem Lieblingskorb schlafen, denn der stand an der falschen Stelle, an der der Hund angeblich eine Wachposition einnahm, die die Rangordnung zu seinen Gunsten verschiebe. Sie durfte nicht mehr zuerst durch die Tür gehen, nicht mehr zum Spiel auffordern und auch nicht mehr selbständig entscheiden, wann sie durch die Wohnung laufen wollte. Das habe ein Hund nicht zu entscheiden, sondern der Halter. Frau M. zog diese Anweisungen halbherzig durch, obgleich sie den Sinn nicht wirklich verstand. Ihr kam Lisa nicht als dominant vor, aber der Fachmann musste es ja wissen. Lisa machte in dieser Zeit einen unglücklichen Eindruck, sagte sie, denn zu all den neuen Verhaltensregeln kam ja noch der ständig schwelende Konflikt mit ihrem Mann.

Nachdem Lisa weiterhin alles in sich reinschaufelte, was zu finden war, kam, was irgendwann kommen musste: Sie hatte einen Haufen unverdaulichen Müll im Magen, der sich vor dem Magenausgang angehäuft hatte und diesen verschloss. Lisa musste operiert werden. Die Tierärztin warnte Frau M. eindringlich davor, dass Lisa eine zweite Operation dieser Art möglicherweise nicht überleben würde und dass ihr deshalb jetzt unbedingt irgendetwas einfallen müsste, wie sie ihren Hund von dem übersteigerten Fressverhalten abhalten könnte. Frau M. erinnerte sich daran, dass die erste Trainerin gesagt hatte, wenn es nicht anders ginge, müsse man ein Stromhalsband verwenden, um Lisa auch auf Distanz unmissverständlich klar zu machen, dass dieses Verhalten strikt verboten sei. Frau M. war eine absolute Gegnerin davon, mit Stromschlägen auszubilden, aber sie hatte Angst um ihren Hund – und Angst ist bekanntlich kein guter Berater. Also meldete sie sich in ihrer Verzweiflung bei der Trainerin und Lisa wurde mit Stromschlägen daran gehindert, extra ausgelegte Lebensmittel zu fressen. Lisa war jetzt neun Monate alt und begriff, dass sie nichts mehr vom Boden aufnehmen konnte. Ihr Kompensationsverhalten für die seelischen Leiden war blockiert und so suchte sie sich ein anderes – sie begann, an ihren Pfoten zu lecken. Ihr Frauchen glaubte zunächst, sie habe Flöhe und suchte den Tierarzt auf. Der verschrieb ein Spot-on Präparat, ohne den Hund näher zu untersuchen. Nachdem Lisa weiterhin an sich herumschleckte und ihr Fell an den Vorderpfoten schon dünner wurde, tippte er als Nächstes auf eine Allergie, weshalb ein komplettes Allergiescreening und eine Ausschlussdiät durchgezogen wurden. Außerdem wurden ihre Pfoten mit einem Anti-Leck-Spray eingesprüht und sie durfte nur noch mit Maulkorb spazieren gehen, weil sie sich draußen manchmal plötzlich hinlegte, um wie verrückt an ihren Pfoten zu nagen. Im Haus sollte Frau M. gut aufpassen und ihr jegliches Schlecken an den Pfoten verbieten. Frau M. sagte, zu

Das Tragen eines Maulkorbes darf immer nur eine kurzfristige Schutzmaßnahme sein. Wichtig ist, die Ursachen für das Problemverhalten zu finden.

dieser Zeit war sie nervlich schon ziemlich am Ende, denn sie war nur noch mit dem Training und der Behandlung von Lisa beschäftigt, stritt heftiger denn je mit ihrem Mann und machte sich insgeheim Vorwürfe, dass es wahrscheinlich an ihr liegen müsse, dass sich Lisa so entwickelt hatte, denn andere Hunde des Wurfes hatten diese Probleme nicht. Aus dem anfänglichen Lecken entwickelte Lisa eine Technik, an ihren Pfoten zu rupfen, bis sie schließlich die Haut abnagte. Auch im Haus trug Lisa meistens, zumindest aber immer nachts, einen Maulkorb, weil Frau M. sie ja nicht immer im Blick hatte. Das war der Status, mit dem die beiden zu mir kamen. Keiner der vorherigen Trainer und auch nicht der behandelnde Tierarzt waren auf die Idee gekommen, nach der Ursache für Lisas Verhalten zu suchen. Es wurde immer nur nach einer schnellen Lösung für ihre unerwünschten Symptome gesucht. Falls Sie sich fragen, wie die Geschichte ausging, hier noch die Antwort: Sie ging gut aus.

Ich sagte Frau M., dass Lisas Verhalten weder medizinische noch erzieherische Ursachen hatte, sondern darin begründet lag, dass Lisa zutiefst unglücklich war und diesen inneren Druck durch das Lecken und Nagen kompensierte. Ähnlich wie bei Menschen, die sich ritzen oder die Haare ausrupfen. Da ich nicht daran glaubte – und Frau M. auch nicht –, dass sich die Probleme mit ihrem Mann lösen würden, machte ich ihr klar, dass es nur zwei Wege gab, Lisa zu helfen: Entweder trennte sie sich von ihrem Mann oder von ihrem Hund. Einen Zwischenweg, wie wir alle ihn uns oft erhoffen, wenn wir ansonsten unbequeme Konsequenzen in unserem Leben ziehen müssen, gab es nicht und viel Zeit angesichts Lisas Zustand auch nicht. Sie musste sich sofort entscheiden. Sie entschied sich für Lisa und zog aus. Zunächst zu einer sehr hundebegeisterten Freundin, bis sie eine eigene Wohnung mit Garten fand. Das Haus wurde verkauft, die Ehe geschieden und Frau M. sagte mir später, dass Lisa sie im Grunde gerettet hätte, denn ohne sie hätte sie diese Entscheidung nicht getroffen, sondern noch jahrelang so weiter gemacht. Zutiefst unglücklich in der Illusion lebend, dass es nun mal nicht anders ginge. Erst die Sorge um Lisa ließ sie endlich die Schritte unternehmen, die in ihrem Leben längst überfällig waren. Über die Rolle, die Tiere in unserem Leben spielen, ließe sich ein eigenes Buch schreiben, an dieser Stelle sei nur gesagt, dass ich zutiefst davon überzeugt bin, dass es keine Zufälle gibt.

Frau M. begann mit Lisa ein Training in meiner Hundeschule, das vordergründig rein gar nichts damit zu tun hatte, dass der Hund nichts vom Boden aufnehmen sollte. Wir unternahmen Trainingsspaziergänge, auf denen ich Frau M. die Wesenseigenschaften von Hunden und besonders von Herdenschutzhunden erklärte. Sie lernte über Beschwichtigung, Stress, Ausdrucksverhalten und viele weitere Faktoren, die das Verhalten von Hunden und das Zusammenleben von Hund und Mensch beeinflussen. Sie schmiss veraltete Rangordnungstheorien über Bord, lernte wieder auf ihr Bauchgefühl und ihren gesunden Menschenverstand zu hören und in Lisa eine Freundin auf vier Pfoten zu sehen. Nicht einen Therapeuten für ihre Probleme und nicht eine hirnlose Befehlsempfängerin, die zu tun hat, was man ihr sagt. Lisas Wunden wurden mit Honigumschlägen behandelt, nach etwa einem halben Jahr waren sie zugewachsen. Sie trägt bis heute einige Narben an den Pfoten, an denen das Fell nicht mehr wächst, ist aber ansonsten ein gesunder und glücklicher Hund.

Nicht alle Fallstudien von Kompensationsverhalten sind so komplex und dramatisch wie die von Lisa, aber tatsächlich kompensieren viele Hunde ihre unnatürlichen Haltungsbedingungen über alle möglichen Verhaltensweisen. Deshalb ist es so wichtig, dass wir uns bei jedem von uns unerwünschtem Verhalten fragen, woher es stammt und warum der Hund es zeigt. Nur über die Beantwortung dieser Fragen kann ein erfolgreicher und hundgerechter Trainingsansatz folgen.

Das funktioniert nicht, sondern schafft nur neue Probleme!

Der Einsatz aversiver Reize

Dass der Einsatz von Strafreizen keinen Sinn macht, können Sie sich nach Lisas Fallstudie sicher schon denken. Im besten, leider nur seltenen Fall, bringt das Strafen nichts, in den meisten Fällen verschlimmert es die Situation. Deshalb sollten Sie auf den Einsatz von sogenannten Rütteldosen, Wurfketten, Disc-Scheiben, Anschreien, Leinenruck usw. unbedingt verzichten und Trainer dringend meiden, die Ihnen zu solchen Methoden raten. Auch der Nachbar, der als Kind schon mal einen Dackel hatte und sich deshalb – inzwischen Mitte sechzig – ebenfalls suuuper mit Hunden auskennt, hilft Ihnen mit solchen Tipps nicht weiter. Wenden Sie sich lieber an eine professionelle Hundeschule, die absolut gewaltfrei arbeitet und Erfahrung mit diesem Verhalten hat.

Einen Köder auslegen

Die Idee ist, etwas Fressbares auszulegen, das entweder mit etwas sehr Scharfem präpariert wurde oder ganz furchtbar eklig ist. Das Problem dabei ist, dass wir kaum etwas finden können, das unser Hund so eklig findet, dass er es nicht fressen will, denn vergammeltes Fleisch, übel riechende Burger, die seit Tagen in der Sonne liegen und sogar Fäkalien findet er nicht nur nicht eklig, sondern teilweise richtig lecker. Abgesehen davon würde etwas wirklich Ekliges ja nicht bedeuten, dass andere Dinge nicht doch lecker sind.

Etwas sehr Scharfes schluckt er schnell herunter und ruiniert sich möglicherweise den Magen, ohne dass der gewünschte Effekt eintritt. Auch dieser Tipp ist also leider nicht wirklich brauchbar.

Immer nur an kurzer Leine ausführen

Den Hund ausschließlich an kurzer Leine zu führen, bringt nur neue Pobleme mit sich.

Wieder ein Tipp, der schnell zum Bumerang werden kann! Ja, es stimmt: Wenn wir den Hund ständig an ganz kurzer Leine spazieren führen, haben wir ihn recht gut – wenn auch nicht 100%ig – unter Kontrolle. Aber er bekommt nicht ausreichend viel Bewegung, kann kein artspezifisches Explorationsverhalten zeigen und nicht mit Artgenossen spielen. Die „unerwünschten Nebenwirkungen" dieser sehr kurz gehaltenen Leine können die Lage also insofern verschlimmern, dass Ihr Hund ins

Kompensationsverhalten kippt und Verhaltensweisen an den Tag legt, die noch weitaus schlimmer sind als das Fressen von unerwünschten Dingen. Von einer ausgeprägten Leinenaggression über Unausgeglichenheit bis zur inneren Verzweiflung ist alles drin. Oder Ihr Hund gibt innerlich auf und trottet nur noch wie eine willenlose Marionette neben Ihnen her – sicher nicht das, was Sie sich für ihn und sich selbst wünschen.

Die Verwendung eines Maulkorbes

Ich habe lange überlegt, ob ich den Einsatz eines Maulkorbes wirklich in dieses Kapitel aufnehmen soll, denn tatsächlich kann er in Ausnahmefällen, bei entsprechend langsamer Gewöhnung und bei achtsamem Einsatz als Übergangslösung sinnvoll sein. Die Erfahrung zeigt nur leider, dass diese Kriterien von den Haltern meist nicht beachtet werden – und zwar auch dann nicht, wenn man gebetsmühlenartig wieder und wieder erklärt hat, wie wichtig sie sind. Die Versuchung, dem Hund einfach einen Maulkorb aufzusetzen und das Problem damit – zumindest scheinbar – ohne zeitintensives Training gelöst zu haben, ist offensichtlich zu groß.

Deshalb will ich an dieser Stelle noch einmal genau erklären, unter welchen Voraussetzungen der Einsatz Sinn macht – und weshalb er aber in der Regel nicht gebraucht wird.

Wenn man überhaupt darüber nachdenkt, einen Maulkorb einzusetzen, sollte man sich zunächst damit auseinandersetzen, welches Modell geeignet ist und hier sind einzig die zu nennen, die wirklich wie ein Korb auf dem Fang des Hundes sitzen. Keinesfalls (!) sollten Sie einen sogenannten Tütenmaulkorb oder eine Fangschlaufe benutzen, denn beide pressen den Fang des Hundes so zusammen, dass dieser nicht mehr vernünftig atmen kann! Und nun stellen Sie sich mal einen Spaziergang vor, auf dem Ihr Hund nicht ausreichend viel Luft bekommt. Ganz schlimm ist der Einsatz solcher Modelle in stressreichen Situationen wie zum Beispiel beim Tierarzt, in denen der Hund durch die Aufregung vermehrt hecheln müsste – und dies nicht kann.

Es ist mir ein Rätsel, warum diese Modelle noch immer in zahlreichen Tierarztpraxen zum Einsatz kommen. Man müsste die Inhaber der Praxen eigentlich fragen, ob sie bei Anatomie und Verhaltenskunde den Unterricht verpasst haben.

Infrage kommt also allein ein Maulkorb, der es dem Hund ermöglicht, frei bei offenem Fang zu atmen und gegebenenfalls auch zu hecheln. Er sollte aus einem Material beschaffen sein, das keine spitzen Ecken oder Kanten aufweist, damit er dem Hund beim Tragen nicht wehtut und selbstverständlich muss er in der Größe so ausgewählt sein, dass die Passform stimmt. Die empfindliche Nase darf nicht vorne anstoßen und der obere Bügel darf nicht in die Augen verrutschen, denn beides ist für den Hund höchst unangenehm und bereitet auf Dauer Schmerzen.

Die Gewöhnung an den Maulkorb muss schrittweise erfolgen. Am besten nehmen Sie ihn anfangs geöffnet in die Hand, legen ein paar Leckerchen hinein und lassen Ihren Hund diese aus dem Maulkorb herausholen, ohne dass dieser verschlossen wird. Diesen Übungsschritt wiederholen Sie mehrere Male, bis

(1) Zeigen Sie dem Hund den Maulkorb, um ihn auf die Übung vorzubereiten.

(2) Legen Sie Leckerchen in den Maulkorb und präsentieren Sie ihn dem Hund.

Ihr Hund ihn völlig sorglos und angstfrei beherrscht. Dann fangen Sie an, die beiden Verschlussenden hinter dem Kopf mit der Hand leicht zuzuhalten, während er sich die Leckerchen nimmt. Verschließen Sie den Maulkorb aber erst, wenn dieser vorherige Schritt mehrfach geklappt hat und von Ihrem Hund ganz gelassen hingenommen wurde. Wenn Sie dann im nächsten Übungsschritt das Verschließen üben, tun Sie dies immer nur ganz kurz bei wiederum mehrfachen Wiederholungen und schließlich verlängern Sie die Tragezeit in ganz kleinen Übungsschritten, bis sich Ihr Hund an das Tragen des Maulkorbes vollkommen gewöhnt hat. Geben Sie ihmimmer wieder Leckerchen, während er den Maulkorb trägt.

Auch bei dieser vorsichtigen Gewöhnung würde ich den Maulkorb aber nur zum Einsatz bringen, wenn es unabdingbar nötig ist – und das habe ich bisher nur ein Mal erlebt. Und selbst bei diesem Hund konnten wir den Maulkorb nach einer Woche Training wieder weglassen. Alle anderen Fälle – und das waren sicher um die 100 Hunde, mit denen ich an diesem Problem gearbeitet habe – waren ohne Maulkorb lösbar.

(3) Lassen Sie den Hund die Leckerchen aus dem Maulkorb herausfressen.

(4) Halten Sie die Riemen nur leicht hinter dem Kopf zusammen, bevor Sie sie nach einigen Wiederholungen dann ganz verschließen.

Auch während eines ernsthaften Trainings sollte der Spaßfaktor nicht zu kurz kommen. ☺

Falls Sie sich nun fragen, wo denn der Nachteil liegt, wenn der Maulkorb wirklich gut sitzt und der Hund kein Problem mit dem Tragen hat, weil er vorsichtig an ihn gewöhnt wurde, so fallen mir gleich mehrere Dinge ein. Zum einen besteht, wie schon erwähnt, die Gefahr, dass der Halter sich mit diesem Stand der Dinge zufrieden gibt und der arme Hund deshalb lebenslänglich damit herumlaufen muss, was ein zweiter Punkt wäre, der mir nicht gefallen würde. Denn abgesehen davon, dass dies auch bei einfühlsamer Eingewöhnung kein Vergnügen für den Hund ist, würde das bedeuten, dass sein eigentliches Problem nicht gelöst wird! Drittens kann es bei Begegnung mit Artgenossen von erheblichem Nachteil sein, wenn Ihr Hund mit einem Maulkorb herumläuft. Manche Hunde werden ihn mit dem „komischen Ding" im Gesicht merkwürdig finden und meiden und im Falle einer Auseinandersetzung kann Ihr Hund sich nicht adäquat zur Wehr setzen, selbst wenn der andere ihn massiv angreift. Nicht zuletzt sei auch noch erwähnt, dass auch die meisten Menschen einen Hund mit Maulkorb sofort mit einem aggressiven Hund assoziieren und ihn entsprechend ablehnend behandeln.

All das zusammengenommen lässt mich kein Fan des Maulkorbs sein, weshalb ich ihn bisher nur ein Mal für sinnvoll gehalten habe. Deshalb beschäftigen wir uns in den kommenden beiden Kapiteln mit den Vorbereitungen zum Training und dem Training selbst. ☺

Ist der Hund zufrieden und satt, löst das viele Probleme!

Bevor das eigentliche Training beginnt, sollten erst einmal einige Vorbereitungen getroffen werden, die das Problem entschärfen, eventuell sogar schon lösen. Hierbei orientieren wir uns an den Ursachen, die wir analysiert haben.

Ausreichende Fütterung ist wichtig!

Ist der Hund zum Beispiel hungrig, wird er ab sofort öfter und/oder mit größeren Portionen täglich gefüttert. Hierzu ist es sinnvoll, sich den Nahrungsbedarf des Hundes anzusehen und dabei nicht nur zu errechnen, wie viel Nahrung er braucht, sondern auch, auf wie viele Portionen verteilt. Welpen und Junghunde

Insbesondere bei großwüchsigen Rassen muss während des Wachstums und auch später mehrfach täglich gefüttert werden.

müssen drei- bis fünfmal fressen, denn sie brauchen für die Hauptwachstumsphasen viele Nährstoffe und Kalorien. Ebenso sollten riesenwüchsige Rassen wie zum Beispiel Irischer Wolfshund, Bernhardiner, Deerhound, Doggen und die großen Molosser mehrfach täglich gefüttert werden, weil sie die Mengen, die sie brauchen, um ihren großen Körper in Gang zu halten, kaum mit ein oder zwei Mahlzeiten pro Tag decken können, denn hierzu müssten sie solche Berge von Futter auf einmal in sich hineinfressen, dass die Gefahr einer Magendrehung extrem hoch wäre und der Kreislauf sehr belastet würde. Vergleichen Sie es mit dem Gefühl, das Sie haben, wenn Sie sich vollkommen „überfressen" haben. Man fühlt sich nicht gut.

Ausgewachsene Hunde mit normalem Körperwuchs hingegen kommen mit zwei Mahlzeiten täglich gut aus, wenn diese in der Menge so angepasst sind, dass der Tagesbedarf gedeckt ist. Leider helfen Ihnen die Packungsangaben der entsprechenden Fertigfutterprodukte hier wenig, auf denen in der Regel Hunde verschiedener Größe abgebildet sind mit Messbecher- oder Grammangaben, denn sie berücksichtigen nicht den Leistungsumsatz des Tieres und auch nicht, ob es kastriert ist oder nicht. Beides hat aber erheblichen Einfluss darauf, wie viel Sie füttern sollten. Wenn Sie sich selbst noch nicht gut auskennen und daher in etwa wissen, wie viel welcher Hund fressen sollte, lassen Sie sich von einem Ernährungsexperten für Hunde beraten.

Bitte keinen Fastentag einlegen!

Den von manchen Haltern empfohlenen Hungertag sollten Sie nicht praktizieren, denn er macht nicht wirklich Sinn. Er wird damit begründet, dass ja auch Wölfe nicht jeden Tag etwas zu fressen finden und deshalb auch Hunde, die vom Wolf abstammen, ab und zu mal hungern sollten. Dieser Vergleich ist natürlich unsinnig, denn erstens sind Hunde nun mal keine Wölfe und zweitens lege ich auch nicht jede Woche einen Fastentag ein, weil die

Steinzeitmenschen eventuell nicht jeden Tag etwas zu essen hatten. Hunger sorgt beim Hund dafür, sich Nahrung zu suchen; entweder in Form von Dingen, die herumliegen und gefressen werden können oder durch unerwünschtes Jagen. Beides wünschen wir uns nicht – also füttern wir unsere Hunde lieber daheim. Das ist wesentlich gesünder und viel ungefährlicher.

Das Futter sollte schmecken! ☺

Nicht nur eine ausreichende und ausgewogene Ernährung ist wichtig, sondern auch, dass Ihr Hund sein Futter wirklich gern mag. Probieren Sie aus, was ihm wirklich gut schmeckt, freuen Sie sich daran, wenn er mit Begeisterung seinen Napf ausschleckt und Sie mit zufriedenem Gesichtsausdruck ansieht. Gutes Essen macht Mensch und Hund glücklich. Bedenken Sie da-

Leckeres Essen macht Mensch und Hund glücklich.

bei, dass Ihr Hund viele Sachen ganz toll findet, die Sie eher mäßig in Begeisterung versetzen, wie zum Beispiel ungewaschener Pansen. Machen Sie ihm trotzdem die Freude.

Achten Sie auch darauf, Ihren Hund abwechslungsreich zu ernähren, denn auch Sie hätten sicher keine Lust, tagaus, tagein das Gleiche zu essen, oder?!

Fahren Sie den Stresslevel runter

Ein hoher Stresslevel begünstigt bei vielen Hunden ein übersteigertes Fressverhalten, denn der Kreislauf wird hoch gefahren, die Atmung beschleunigt, weil mehr Sauerstoff verbraucht wird und die Muskelanspannung steigt. All das benötigt Energie vom Körper und die bezieht er aus der Nahrung.

Sorgen Sie also dafür, dass Ihr Hund insgesamt ein entspanntes und angenehmes Leben führt. Das bedeutet nicht, dass er sich dauernd langweilen und gar nichts tun soll, aber es bedeutet, für eine gute Balance zwischen Anforderung und Zeiten des Ausruhens und Verarbeitens zu sorgen. Gehen Sie zum Beispiel in aller Ruhe spazieren, statt durch die Natur zu rennen. Nehmen Sie Ihren Hund nicht überallhin mit, denn an vielen Orten wird es ihm gar nicht gefallen und er regt sich nur übermäßig auf. Es gibt viele Beispiele, die Sie in dem Buch „Stress bei Hunden" nachlesen können. Wichtig ist, dass Sie bei sich selbst ein Bewusstsein dafür schaffen, dass ein hoher Stresslevel der Auslöser für unkontrolliertes Fressverhalten sein kann.

So war es zum Beispiel bei dem Parson Russell Terrier Waldmann, der immerzu mit Vollgas durch's Leben lief. Seine Halter glaubten, als Terrier brauche er viiiiiel Bewegung und überforderten ihn maßlos. Dadurch wurde er so hibbelig, dass sein Kreislauf ständig auf Hochtouren lief – und deshalb nach „Brennstoff" fragte. Sein Futterbedarf war immens, und da er nicht so viel zu fressen bekam, wie sein Körper in diesem Zustand benötigte, fing er an, sich selbst Nahrung zu suchen.

Ruhe am Futter!

Ja, es gibt sie, die Hunde, denen jegliche Hektik überhaupt nichts ausmacht und die trotzdem in aller Ruhe fressen, obwohl um sie herum „der Bär los ist". Aber sie sind die Ausnahme. Für die meisten Hunde ist es wichtig, in aller Ruhe fressen zu können. Einige Hunde sind sogar so empfindlich, dass sie absolute Ruhe während des Fressens brauchen. Meine Collie-Hündin Rosina zum Beispiel fraß immer in einem getrennten Raum. Nicht etwa weil sie selbst futteraggressiv gewesen wäre oder die anderen Hunde ihr etwas weggenommen hätten, sondern weil einfach jede Störung wie klappernde Näpfe, laute Schmatzgeräusche oder auch das Vorbeigehen von einem von uns an ihrer Futterschüssel sie sofort dazu veranlasste, das Fressen einzustellen. War sie hingegen allein in einem Raum, fraß sie langsam, aber mit Appetit.

Heißhungerattacken

Sollte Ihr Hund Heißhungerattacken haben, überprüfen Sie unbedingt, ob er möglicherweise verwurmt oder sonst irgendwie krank ist. Auch bestimmte Medikamente können die Ursache für plötzliche Fressanfälle sein.

Der 10-jährige Do Khyi-Rüde einer Kundin von mir, der normalerweise niemals Essen vom Tisch klaute oder auch nur übermäßig bettelte, zeigte plötzlich dieses Verhalten. Sobald man den Raum verließ, war nichts mehr sicher, was auf dem Tisch stand. Er öffnete sogar die Tonne mit den Hundeflocken und fraß daraus und draußen klaubte er alles auf, was auch nur annähernd fressbar war. Da meine Kundin eine erfahrene Hundehalterin ist, dachte sie natürlich gleich an eine mögliche Verwurmung und brachte Kotproben zum Tierarzt. Deren Untersuchung ergab aber keinen Befund in diese Richtung. Die Heißhungerattacken nahmen zu,

Häufiger, als man denkt, sind Würmer die Ursache für starke Heißhungerattacken.

das Fell wurde stumpf, er nahm trotz deutlich mehr Futter ab – und hatte eben doch Würmer, die in den abgegebenen, vorschriftsmäßig eingesammelten Kotproben von drei aufeinanderfolgenden Haufen nicht nachgewiesen werden konnten. Manchmal steckt der Teufel ja bekanntlich im Detail, und nachdem sie – Kotprobe negativ hin oder her – einfach entwurmt hatte, weil sie sich das Verhalten ihres Hundes nicht mehr anders erklären konnte, schied er tatsächlich massenhaft Würmer aus.

Wichtig: Denken Sie unbedingt daran, dass mit einer Entwurmung nur die adulten Stadien eines Wurmes abgetötet und ausgeschieden werden. Die jugendlichen Stadien verbleiben im Körper, weshalb unbedingt ein zweites, oft sogar ein drittes Mal entwurmt werden muss, wenn diese juvenilen Stadien erwachsen geworden sind. So machte es auch meine Kundin bei ihrem Rüden, und kaum war er wurmfrei, hörten die Heißhungerattacken, das Klauen von Futter und das wahllose Fressen während der Spaziergänge auf.

Fütterungszeiten überdenken

Sie kennen bestimmt Leute, die morgens keinen Appetit haben oder ganz im Gegenteil morgens gern und ausgiebig frühstücken, dafür aber abends nichts mehr essen wollen. In der TCM (Traditionellen Chinesischen Medizin) sind bestimmte Typeneinteilungen bekannt, die mit bestimmten Eigenschaften in Verbindung stehen. Zu diesen Eigenschaften zählt auch, wann diese Person ihre Hauptessenszeit hat – und das ist auch bei Hunden so! Es gibt Hunde, die schon ganz in der Früh Hunger haben und solche, die erst am Vormittag etwas fressen wollen.

Andere fressen am liebsten am Abend. Deshalb ist es wichtig, auf den tageszeitlich abhängigen Appetit des Hundes zu achten, denn wenn er zu einer Uhrzeit sein Futter bekommt, zu der er keinen Appetit hat, kommt der Hunger zu einer anderen Uhrzeit. Und wenn es zu dieser kein Futter gibt, fängt er an, sich welches zu suchen ... Das ist übrigens einer von vielen Gründen, warum es nicht sinnvoll ist, das Futter nach zehn Minuten der Nichtbeachtung wegzustellen und dem Hund erst am nächsten Tag wieder etwas anzubieten. Das macht man bei uns Menschen schließlich auch nicht, oder?! Jeder hat das Recht, dann zu (fr)essen, wenn er wirklich möchte.

Ach, und noch etwas: Wenn es im Sommer so richtig warm ist, mögen viele Hunde auch lieber zu kühleren Tageszeiten fressen, also früh morgens oder abends, wenn die größte Hitze vorbei ist.

Das praktische Arbeiten – Schritt für Schritt zum Trainingserfolg

Was genau soll trainiert werden?

Zunächst ist es einmal ganz wichtig, sich genau zu überlegen, was man will. Einige Jahre trainierte ich mit den Hunden einfach nur, dass sie nichts Fressbares vom Boden aufnehmen sollten. Das war relativ einfach, war schnell beigebracht und sowohl die Halter als auch ich waren damit zufrieden. Aber nach einiger Zeit wurde mir klar, dass das nicht reicht, denn sollte wirklich ein Giftköder von einem von mir trainierten Hund liegen gelassen werden, würde ihn eventuell ein anderer fressen. Das wollte ich auf gar keinen Fall.

Also begann ich, den Hunden beizubringen, gefundenes Fressbares anzuzeigen, damit Herrchen oder Frauchen es beseitigen konnten – dafür gab es dann eine tolle Belohnung. Ich baute das Training ganz ähnlich auf wie bei der Rettungshundearbeit: Das Gewünschte finden (in diesem Fall eben nicht eine Person, sondern Futterköder), den Fund dem Menschen melden, ihm zeigen, wo es ist und dafür belohnt werden. Eigentlich nicht besonders schwer zu trainieren, die Überraschung lag vielmehr darin, wie viel Spaß den Hunden das machte! Begeistert sausten sie los und suchten, was sie anzeigen könnten, denn dafür gab es Lob, Anerkennung und eine tolle Belohnung. Und auch den Kunden machte es viel mehr Spaß, als einfach nur einen Hund zu haben, der nichts vom Boden aufnimmt, weil sie das Gefühl bekamen, etwas wirklich Sinnvolles zu tun. Schließlich trugen (und tragen) sie dazu bei, dass sich kein anderer Hund den Magen verdirbt oder sogar vergiftet wird. Außerdem freuten sie sich an der Begeisterung ihres Hundes.

Erstellen Sie eine Hitliste der Leckerchen

Als Vorbereitung auf das Training ist es wichtig herauszufinden, was Ihr Hund ganz besonders gern mag, denn damit können Sie gut als Belohnung arbeiten. Wenn Ihnen mehrere Dinge einfallen, können Sie eine Art Hitliste erstellen, indem Sie ihm immer wahlweise zwei verschiedene, tolle Belohnungshappen anbieten. Den, den er zuerst nimmt, findet er offensichtlich attraktiver als den zweiten. Dann bieten Sie ihm das von ihm als besser bewertete mit einem weiteren attraktiven Leckerchen an und schauen, welches er nun für besser befindet. So können Sie mehrere gute Sachen anbieten und schauen, in welcher Reihenfolge er die Attraktivität bewertet.

Probieren Sie aus, welche Belohnung für Ihren Hund am attraktivsten ist.

Seien Sie kreativ bei der Auswahl der Belohnungen. Es gibt weit mehr als Käse und Würstchen. Viele Hunde lieben zum Beispiel Pfannkuchen, gern auch mit eingebackenem Käse. Andere finden frische Hühnerherzen, Rindfleischstücke oder lauwarmen Leberkäse unwiderstehlich und wieder andere stehen auf Leberkekse. Wenn Ihnen die Ideen ausgehen, finden Sie im Internet viele tolle Rezepte.

Trainingsschritt 1: Nichts vom Boden aufnehmen!

Beginnen Sie die Trainingseinheit mit Übungen, die nichts mit dem eigentlichen Problem zu tun haben.

Gehen wir nun das Training Schritt für Schritt durch. Zunächst bringe ich dem Hund bei, auf ein bestimmtes Signalwort hin nichts mehr vom Boden aufzunehmen. Hierbei arbeite ich über das Lernprinzip der Frustration, weshalb ich niemals mit diesem Training beginne, solange mich der Hund nicht einigermaßen gut kennt und mir grundsätzlich vertraut. Ich möchte nämlich nicht, dass sein erstes Zusammentreffen mit mir von Frust geprägt und dieser gedanklich mit mir verknüpft wird. Es kann deshalb sein, dass ich die Halter bitte, dass wir zunächst andere Dinge üben, die ihnen ebenfalls wichtig sind, zum Beispiel die Verbesserung des Grundgehorsams.

Bieten Sie dem Hund einige Leckerchen aus der Hand an, die er sich nehmen darf.

Legen Sie ein großes Stück Wurst oder Käse auf den Boden.

Erst danach beginne ich mit dem eigentlichen Training und zwar damit, dass ich dem Hund in ruhiger Umgebung ein paar Stücke Wurst oder Käse aus der Hand gebe und er sie sich nehmen darf. Dann knie ich vor dem Hund und lege ein handtellergroßes Stück Wurst oder Käse auf den Boden. Der Hund muss dabei kein bestimmtes Kommando wie „sitz" oder „Platz" oder Ähnliches ausführen, er kann einfach herumstehen und schauen, was ich tue. Sobald er aber versucht, das Leckerchen vom Boden aufzunehmen, nehme ich es mit dem Signalwort „no" weg. Hierbei ist es wichtig, das Wort ganz ruhig zu sagen, den Hund also nicht streng anzusprechen oder gar anzuschreien und einzuschüchtern! Denn würde man das tun, bekäme er womöglich Angst vor der Übung und das würde das Erlernen des späteren Anzeigeverhaltens erschweren oder sogar unmöglich machen. Deshalb spreche ich mit ruhiger und freundlicher Stimme und wiederhole den Vorgang so oft, bis der Hund frustriert über den ständigen Misserfolg nicht mehr versucht, den Köder zu nehmen – und hierfür wird er dann mit etwas besonders Leckerem belohnt.

Wenn der Hund versucht, die Leckerei vom Boden zu fressen, nehmen Sie sie mit dem Signalwort „no" weg.

Sobald sich der Hund selbständig vom Leckerchen abwendet, loben und belohnen Sie ihn reichlich.

Wichtig: Die Belohnung muss mindestens so gut sein wie das, was er liegen gelassen hat – oder besser! Auf gar keinen Fall darf der Hund die Erfahrung machen, dass er etwas Tolles liegen lässt und dafür etwas Minderwertigeres wie zum Beispiel Trockenfutter oder Ähnliches erhält! Dieser Deal lohnt sich für ihn nicht und das wird er sich merken! Wenn ich eine echte Kooperation zwischen dem Hund und mir bzw. dem Halter erreichen will, muss die Belohnung der Arbeit entsprechend sein, damit der Hund wirklich motiviert ist, mitzumachen. Denn für die Zukunft gilt ja, dass er mir auch den Fund von einem Steak oder einem gebratenen Fleischkloß melden soll, statt es zu fressen – und das wird er nur tun, wenn er weiß, dass er erstens etwas Gleichwertiges oder Besseres erhält und zweitens sehr viel Lob und Anerkennung für seine erfüllte Aufgabe bekommt.

Sobald der Hund bei Übungsschritt 1 also nicht an das ausgelegte Stück geht, sondern zögert oder sich rückwärts richtet oder sogar abwendet, wird er mächtig gelobt und bekommt etwas Tolles. Manchmal nehme ich das auf, was da liegt und er bekommt ein Stück davon, andere Male habe ich etwas noch Höherwertiges für ihn. Diesen Vorgang wiederhole ich so oft, bis ich nicht einmal mehr „no" sagen muss, sondern der Hund schon beim Anblick des ausgelegten Stückes einen Bogen macht, stehen bleibt oder sich hinsetzt. Dafür gibt es Lob, viel Anerkennung und richtig gute Leckerchen! ☺

Ziel ist es, dass der Hund sich schon beim Anblick des ausgelegten Köders Ihnen zuwendet und diesen zuverlässig liegen lässt.

Trainingsschritt 2: Die Entfernung steigern

Dann steigert man die Entfernung, in der man sich von dem am Boden liegenden Stück Fressbaren befindet. Bisher war man ja unmittelbar davor; aber nun gilt es, dem Hund dieses Verhalten auch abzuverlangen, wenn man ein, zwei oder mehrere Meter entfernt steht. Denn schließlich wäre es für ihn ganz einfach, schneller als man selbst an dem ausgelegten Stück zu sein und es so schnell runterzuschlucken, dass man es nicht mehr einsammeln kann. Auch hier braucht man also die Bereitschaft des Hundes mitzumachen – weil er weiß, dass letztendlich etwas Gutes für ihn bei der Übung herauskommt. Wichtig dabei ist, dass man in kleinen Schritten vorwärts geht, damit es auch wirklich klappt. Sollte der Hund einmal versuchen, das Futter doch vom Boden aufzunehmen, ruft man das ihm bekannte „No", das die konditionierte Hemmung auslöst, so dass er es nicht nimmt.

An den ersten beiden Übungsschritten arbeitet man in der Regel drei bis fünf Treffen lang, bis sie gut sitzen. Manche Hunde brauchen aber auch länger oder sind schneller in der Auffassungsgabe. Die Parson Russell Terrier-Hündin „Hazel" begriff schon beim zweiten Treffen, worum es ging und mied zuverlässig die ausgelegten Köder, während der Collie-Rüde „Jason" sieben Treffen für diesen Lernschritt brauchte. Das ist nicht schlimm. Wichtig ist nur, dass der Hund in seinem Tempo lernen darf und weder unter- noch überfordert wird, denn dann macht sich Langeweile und/ oder Frustration breit, was kontraproduktiv für das Training ist.

Zwischen den Trainings liegen mindestens zwei und maximal vier Tage – das muss bei der Planung im Terminkalender von Trainer und Halter berücksichtigt werden. Denn sind die Lücken zu lang, macht man es dem Hund unnötig schwer, das Gelernte zuverlässig zu behalten und sind sie zu kurz, besteht die Gefahr, dass er nicht genug Zeit zum Verarbeiten und Speichern der Lerninformation hat und auch schnell wieder vergisst, worum es geht, wenn man später einmal längere Trainingspausen macht.

Achten Sie darauf, ausreichend lange Pausen zwischen den Trainingseinheiten zu machen, während derer sich der Hund erholen und das Gelernte verarbeiten kann.

Trainingsschritt 3: Das Generalisieren

Im nächsten Schritt wird das Erlernte in unterschiedlichen Umgebungen geübt.

Wenn der Hund die Lernschritte 1 und 2 verstanden hat, ist es wichtig, das gewünschte Verhalten zu generalisieren und auch hierfür braucht man mehrere Treffen. Es werden nicht nur die Orte gewechselt, an denen die Köder ausgelegt werden, sondern auch die Köder selbst variieren: Wurst, Käse, Fleisch, Hamburger, Pommes Frites, Kekse, Kuchen, Brot (mit und ohne Belag), Pizza und alles, was der Kühl- oder Vorratsschrank sonst noch so hergibt. Ansonsten könnte es passieren, dass der Hund lernt, dass man zum Beispiel Würstchen nicht aufnehmen darf, wenn sie auf dem Hundeplatz herumliegen – und das ist ja nicht der gewünschte Lerneffekt. Er soll lernen, dass jegliches Futter an jedem Ort nicht vom Boden aufgenommen wird.

Ich höre oft von Haltern bestimmter Rassen, dass sie nicht glauben, auch ihr Beagle, Cocker Spaniel oder Labrador könne dieses Verhalten lernen – und sie irren. Auch diesen Rassen habe ich schon sehr erfolgreich beigebracht, nichts vom Boden aufzunehmen – und dabei auch richtig viel Spaß gehabt. Der Beagle „Flori" zum Beispiel war schon so weit, dass er grundsätzlich begriffen hatte, dass er Fressbares liegen lassen soll. Nach ein paar Tagen der Trainingspause trafen sich seine Halterin und ich wieder, um die Lektion zu vertiefen. Flori sah das ausgelegte Fleisch und wollte es

Wichtig: Das Signalwort „no" verwende ich übrigens deshalb, damit der Hund nicht auf ein Wort konditioniert wird, das er häufig im täglichen Sprachgebrauch seiner Halter hört. Es ist auch wirklich wichtig, den Haltern zu erklären, dass das Signalwort nur für dieses eine Verhalten, nämlich das Liegenlassen von Futter, verwendet wird. Keinesfalls soll es als generelles Abbruchsignal eingesetzt werden, mit dem der Hund bei allen möglichen Verhaltensweisen, die seinem Menschen gerade nicht gefallen, konfrontiert wird!

nehmen, worauf ich „no" rief und einen Satz auf ihn zu machte. Er war etwa fünf Meter von uns entfernt. Flori sprang vom Fleisch weg, schaute uns an und „nörgelte" richtig niedlich vor sich hin. Übersetzt sagte sein Ausdrucksverhalten und seine Lautgebung etwa: „Ach Mist, das hatte ich ja total vergessen ... ich soll ja nichts aufnehmen." Wir hatten alle Mühe, nicht loszulachen, weil er so niedlich war. Ruhig gingen wir weiter und ließen den Köder bewusst für einen weiteren Übungsdurchgang liegen.

Schon beim nächsten ausgelegten Köder nach ein paar Metern machte er wieder den bereits gelernten Bogen um das Futter und wedelte uns erwartungsvoll an. Wir lobten ihn überschwänglich und belohnten reichlich. Dann zeigte Flori Beaglelogik: Zurückrennen zum ersten Köder (etwa 20 Meter entfernt) zu Frauchen und Trainerin schauen, dass man es gesehen hat und schnell zurückkommen – dafür gibt's doch bestimmt noch mal was, oder?! Na klar! ☺ Flori war begeistert und bereit für Schritt 4 des Trainings, das Anzeigeverhalten.

Trainingsschritt 4: Melden, wenn man etwas gefunden hat und zeigen, wo es ist!

Anfangs brachte ich den Hunden bei, dass sie sich vor dem Köder absetzten und warteten, bis Herrchen oder Frauchen dies bemerkte, zu ihnen kam, den Köder einsteckte und sie reichlich lobte und belohnte. Das funktionierte auch recht gut – außer, wenn die Halter in Gespräche vertieft waren und gar nicht merkten, dass der Hund einige Meter hinter oder vor ihnen anzeigt und daher einfach weitergingen. Welche Enttäuschung für den Hund! Und auch, wenn das sehr wünschenswert wäre, ist es bei den meisten Haltern tatsächlich recht unrealistisch davon auszugehen, sie könnten lernen, zu jedem Zeitpunkt des Spaziergangs aufmerksam zu sein, um das Anzeigeverhalten bloß nicht zu verpassen.

Deshalb fing ich an, den Hunden beizubringen, beim Auffinden von Fressbarem ein ganz bestimmtes, unmissverständliches Anzeigeverhalten zu zeigen. Das kann zum Beispiel ein Absitzen vor dem Köder oder ein Absitzen oder ein Bellen vor dem Halter sein – oder auch irgendein anderes Verhalten, das der Hund anbietet. Die meisten Halter entscheiden sich für das Bellen, weil es kaum überhörbar und somit eindeutig ist. Am besten entscheiden Sie sich für ein Verhalten, das Ihr Hund gern zeigt und von sich aus anbietet. Ich stelle hier die beiden Anzeigeverhalten Bellen und Vorsitzen vor, andere Verhaltensweisen können analog aufgebaut werden.

Der Retriever Gustl zeigt seinem Halter durch Bellen an, dass er etwas Fressbares gefunden hat.

Variante 1: Bellen!

Der Lernschritt läuft folgendermaßen ab: Man legt einen Köder aus und geht mit dem Hund los. Wenn er auf den Köder trifft, geht man einfach ein kleines Stück, nicht mehr als ein oder zwei Schritte weiter. Der Hund schaut in der Regel fragend, warum er für das Liegenlassen nicht belohnt wurde – und daraufhin spricht man ihn leicht aufgeregt an: „Ja was ist denn? Was hast Du denn? Was willst Du mir mitteilen?" Nach einer gewissen Zeit wird der Hund irgendeinen Laut, vielleicht nur ein Winseln, vielleicht auch ein Brummeln oder sogar kurzes Bellen von sich geben und dieser Laut wird sofort dadurch belohnt, dass man die wenigen Schritte zum Köder zurückgeht und so tut, als würde man jetzt erst begreifen, worum es ihm geht und ihn dann natürlich überschwänglich loben und belohnen.

Das wiederholt man einige Male und fordert den Hund dabei auf, immer lauter zu bellen, bis er begriffen hat, dass er uns lautstark Bescheid sagen soll, wenn er etwas findet und uns (anscheinend leicht begriffsstutzigen Menschen) auch noch erklären muss, wo es liegt. Dafür gibt es aber auch die bisher gewohnte großzügige Belohnung und viiiiel Lob! Dieser Schritt wird ausgebaut, bis der Hund zuverlässig bellt, wenn er den Köder findet, auch wenn man bereits mehrere Meter weitergelaufen ist. Dann geht man zu ihm, steckt den Köder ein und lobt und belohnt ihn. ☺

Variante 2: Absitzen vor dem Köder!

Bei diesem Anzeigeverhalten lernt der Hund, nach Auffinden des Köders gleich zum Halter zu laufen, dann mit ihm zusammen zum Köder zurückzugehen und diesen durch Absitzen anzuzeigen. Und das lernt er so: Man legt wieder einen Köder aus und geht mit dem Hund los. Wenn er den Köder gefunden hat, geht man ein paar Schritte weiter und wartet, bis der Hund anzeigt, dass er ihn nicht nimmt (1). Dann ruft man ihn zu sich (2). Sobald der Hund beim Halter ankommt, sagt man „Was ist denn? Hast Du was gefunden?" und schaut in Richtung des Köders. Natürlich läuft der Hund in die Richtung des Köders (3), denn er hat ja gelernt, dass er dort die Belohnung erhält, nachdem dieser vom Menschen eingesammelt worden ist. Vor dem Köder lässt man den Hund absitzen (4), hebt den Köder auf (5) und belohnt den Hund mit etwas besonders Leckerem (6).

Diesen Schritt wiederholt man einige Male, bis der Hund gelernt hat, nach dem Auffinden von Fressbarem zum Halter zu laufen, seinen Menschen dorthin zurückzuführen und dann durch Absitzen seinen Fund anzuzeigen. Nach und nach kann dann die Distanz zum Köder und der Grad der Ablenkung gesteigert werden.

Alternativ kann man dem Hund beibringen, nach dem Finden des Köders zum Halter zu laufen, diesem durch Absitzen seinen Fund zu melden und erst dann gemeinsam mit dem Halter zum Köder zurückzulaufen.

Wenn der Hund den Köder gefunden hat, geht man ein paar Schritte weiter und wartet, bis der Hund anzeigt, dass er ihn nicht nimmt (1). Dann ruft man ihn zu sich (2). Sobald der Hund beim Halter ankommt, sagt man „Was ist denn? Hast Du was gefunden?" und schaut in Richtung des Köders. Natürlich

läuft der Hund in die Richtung des Köders (3), denn er hat ja gelernt, dass er dort die Belohnung erhält, nachdem dieser vom Menschen eingesammelt worden ist. Vor dem Köder lässt man den Hund absitzen (4), hebt den Köder auf (5) und belohnt den Hund mit etwas besonders Leckerem (6).

Variante mit Helferperson

Eine andere Möglichkeit, die ich aber nur selten nutze, besteht darin, dass eine Helferperson mit dem Hund an der Leine vor dem Köder bleibt, während Herrchen oder Frauchen scheinbar achtlos weitergehen, so als hätten sie ihn gar nicht bemerkt. Wenn der Hund dann zu der Helferperson schaut, um den Fund zu melden, läuft diese mit ihm zum Halter, damit er versteht, wem er durch Absitzen melden soll.

Wichtig ist, die Belohnung wirklich immer erst nach dem Wegräumen des Köders zu geben. Denn belohnt man vorher und will dann den Köder nehmen, versuchen manche Hunde, ihn noch schnell zu schnappen. Lernt der Hund hingegen, dass immer erst der Köder genommen und dann die Belohnung gegeben wird, vermeidet man das.

Dort angekommen setzt wieder das Prozedere von Zurückgehen zum Köder, Lob und Belohnung ein. Man muss unbedingt darauf achten, dass der Helfer wirklich nur mit dem Hund zum Halter läuft, also nicht selbständig lobt oder mit Futter belohnt.

Die meisten Hunde haben unglaublich viel Spaß an diesem Training! Allerdings sollte man den Köder anfangs im Auge behalten, wenn der Hund sich nähert und man selbst schon vorbeigegangen ist, denn am Anfang ist für manchen Hund die Versuchung groß, das leckere Stück schnell zu schlucken, wenn Herrchen oder Frauchen es offensichtlich nicht gesehen haben und daran vorbeigelaufen sind. In diesem Fall erfolgt wieder das „no", das den Hund davon abhält, den Köder zu nehmen.

Dieser Lernschritt wird dann auf immer größere Distanz geübt, wobei wir 50 Meter noch nie überschritten haben. Meist läuft der Hund auf den Übungsstrecken vor uns und findet somit auch zuerst, weshalb er dann entweder bellt oder zu uns läuft, um durch das Absitzen zu melden, dass da etwas liegt. Nur selten ist er so weit zurück, dass er etwas findet, wenn wir schon weit vorausgegangen sind, aber auch hier ist es nur eine Frage des sauberen Übungsaufbaus, bis er uns meldet, dass wir ein Stück zurücklaufen müssen, damit er uns etwas zeigen kann.

Worauf Sie rund ums Training sonst noch achten müssen, erklärt Ihnen das nächste Kapitel.

Allgemeines zum Training

Immer wieder üben!

Wichtig ist, dass Ihnen klar ist, dass es sich um ein lebenslanges Training handelt. Sie müssen immer wieder mal mit Ihrem Hund üben, damit sich keine Fehler einschleichen. Oft ergibt sich das Üben schon aus der Tatsache, dass tatsächlich Essbares herumliegt. Wenn dies anfangs aber über mehrere Tage und später über eine längere Zeit nicht der Fall ist, sollten Sie ein paar Köder auslegen und gezielt trainieren. Lassen Sie dabei nicht mit der Überschwänglichkeit des Lobens und der leckeren Futterbelohnung nach! Gehen Sie an das Training wie an ein tolles Spiel heran, das Sie beide jetzt machen – dann wird Ihr Hund mit Begeisterung dabeisein.

Wem immer alles verboten wird, der zieht sich am Ende frustriert zurück. ☹

Das Signalwort „no"

Es ist wirklich wichtig, dass das Signalwort „no" nur für dieses eine Verhalten, nämlich das Aufnehmen vom Boden, angewendet wird. Wie schon erwähnt soll es keinesfalls als generelles Abbruchsignal eingesetzt werden, mit dem der Hund bei allen möglichen Verhaltensweisen, die seinem Menschen gerade nicht gefallen, konfrontiert wird!

Das hätte nämlich zur Folge, dass der Hund entweder ständig frustriert wird oder dass sich das ständige „no" ebenso abnutzt wie bei vielen Hunden das „Aus!" oder „Nein".

Fährtenarbeit/ Mantrailing

Wenn Sie mit Ihrem Hund Fährtenarbeit oder Mantrailing beginnen wollen, informieren Sie Ihren Trainer vorher, dass Ihr Hund nichts vom Boden aufnehmen darf. In der Regel wird die Fährtensuche nämlich so aufgebaut, dass anfangs ein Stück Fleisch auf der Fährte gezogen wird und einige Stücke davon auf dieser Geruchsspur ausgelegt werden. Auch am Ziel liegt dann reichlich Fleisch, der Jackpot für's Finden. Das soll den Hund motivieren, der Fährte zu folgen und ihn darin bestätigen, dass er auf dem richtigen Weg ist. Diese Methode ist auch völlig in Ordnung, wenn sie nicht bei einem Hund angewandt wird, der eben nichts vom Boden aufnehmen soll.

Manche Trainer sagen, der Hund könne das Fährtentraining und dafür ausgelegtes Fleisch von einfach herumliegendem Fressbaren unterscheiden. Die Erfahrung zeigt aber, dass dies oft nicht so ist und der Hund glaubt, ab jetzt dürfe er doch wieder vom Boden aufnehmen. Dieses Risiko würde ich nicht eingehen! Sie können es umgehen, indem Sie die Fährte mit dem Fleisch ziehen und die Belohnungshappen aus dem gleichen Fleisch in einem Behälter deponieren. Sobald Ihr Hund diesen Behälter gefunden hat, loben Sie ihn, öffnen Sie in seinem Beisein den Behälter und geben Sie ihm das Fleisch aus der Hand. Anfangs sollten Sie die Fährte recht kurz halten, damit er schnell lernt, dass das Folgen des Geruchs tatsächlich zum – von Ihnen erlaubten! – Fleisch führt. Wir starten meist mit nur zehn Metern, damit der Hund keine Zwischenmotivation in Form von auf der Fährte ausgelegten Happen braucht. Hat er das Prinzip verstanden, kann die Fährte recht schnell verlängert werden und das später wichtige Anzeigeverhalten für das Finden der gesuchten Person beim Mantrailing wird Ihr Hund ganz schnell verstehen, weil er es schon vom vorherigen Training kennt. ☺

Beschäftigungsspiele, bei denen Futter vom Boden aufgenommen wird, sollten vermieden werden.

Futterspiele auf dem Spaziergang

Bei diversen Trainings geht es darum, den Hund über Futter zu beschäftigen. Dazu gehört zum Beispiel auch, Leckerchen in eine Wiese zu streuen oder in einem Laubhaufen zu verstecken und den Hund danach suchen zu lassen. Oft wird empfohlen, dem Hund ein Signalwort beizubringen, nach dessen Nennung er weiß, dass er jetzt Futter suchen und selbständig fressen darf – und tatsächlich gibt es auch Hunde, die das verstehen. Viele, vor allem die sehr verfressenen, aber auch nicht! Ich würde das Risiko nicht eingehen und es lieber so machen, dass der Hund lernt, einen Futterbeutel zu suchen, den er mir dann bringt, so dass ich ihm die leckeren Sachen dann wieder aus der Hand geben kann. So sind Missverständnisse zwischen Hund und Halter ausgeschlossen.

Futterspiele im Garten

Oft fragen mich die Halter, ob sie nicht im eigenen Garten Futterspiele machen können, da dies ja ein fest definierter Raum ist. Grundsätzlich kann der Hund schon lernen, dass er ausschließlich im Garten selbständig suchen und fressen darf. Aber das gilt aus Sicht des Hundes dann auch für Giftköder oder einfach nur Abfälle, die jemand in Ihren Garten hineinschmeißt. Deshalb würde ich lieber auf die Variante mit dem Futterbeutel verweisen.

Der Garten ist ein idealer Ort, um mit dem Futterbeutel zu üben.

Der Hund einer guten Freundin ging wie jeden Morgen als erste kleine Runde in den Garten. Normalerweise bleibt er immer 10 bis 15 Minuten draußen, aber an einem bestimmten Tag kam er schon nach kurzer Zeit wieder zu ihr ins Haus und zeigte aufgeregt das trainierte Anzeigeverhalten. Meine Freundin reagierte sofort, ging mit ihm mit und wurde von ihm zu einer ganzen Plastiktüte mit Fleischresten geführt, die jemand über den Zaun geworfen hatte. Es war unklar, ob das Fleisch irgendwie präpariert oder einfach nur entsorgt worden war. Auf jeden Fall war meine Freundin froh, dass ihr Hund es angezeigt und nicht einfach in sich reingeschlungen hatte.

Eine Futteraggression sollte unbedingt mit Hilfe eines erfahrenen Trainers behoben werden.

Futteraggression

Sollte Ihr Hund eine gegen Menschen gerichtete Futteraggression haben, müssen Sie diese natürlich zuerst beheben, ehe Sie damit beginnen können, ihm wie in Schritt 1 beschrieben das auf dem Boden liegende Futter mit dem Signalwort „no" wegzunehmen. Lassen Sie sich dabei aber unbedingt von einem erfahrenen Trainer helfen, der auf den Einsatz von Strafreizen verzichtet, denn wenn Sie es falsch anfangen, besteht die Gefahr, dass Sie während des Trainings selbst bedroht oder sogar gebissen werden.

Urlaubs- oder Krankheitsbetreuung Ihres Hundes

Wenn Sie Ihren Hund während einer Reise oder Erkrankung von jemand anderem betreuen lassen, ist es unabdingbar wichtig, dass Sie dieser Person das antrainierte Verhalten Ihres Hundes und seine erwartete Belohnung dafür erklären. Gleiches gilt selbstverständlich für jeden, der Ihren Hund Gassi führt, sei es der professionelle Dogsitter, ein netter Nachbar, der ihn gelegentlich mitnimmt oder die Betreiber einer Hundepension. Und selbstverständlich sollten auch alle Familienmitglieder mit dem Training vertraut sein! Denn sonst könnte der Lerneffekt bei Ihrem Hund so aussehen, dass er bei Ihnen zuverlässig meldet, während er bei anderen weiter alles frisst, was er findet.

Rehköttel, Pferdeäpfel, Kuhfladen, Katzenscheiße & Co

Viele Halter haben den – verständlichen – Wunsch, dass Ihr Hund auch gleich noch lernen soll, keine Hinterlassenschaften anderer Tiere (und Menschen, igitt!) zu fressen. Tatsächlich ist es aber so, dass das Training hier bei den meisten Hunden an seine Grenzen stößt. Es scheint für einen Hund in der Definition einen klaren Unterschied zwischen Kot und allem anderen Fressbaren zu geben, und abgesehen davon sind auch die wenigsten Halter bereit, bei mehrfachen Wiederholungen mit den verschiedenen Kotproben im Training zu hantieren, bis der gewünschte Lerneffekt eintritt. Insbesondere bei den Hinterlassenschaften von Menschen ist das ja auch extrem eklig! Es bleibt also nur der Wunsch, dass Freizeitsuchende mit dringenden Bedürfnissen in den Büschen und Wäldern ihre eigenen Kothaufen genauso gewissenhaft einsammeln und im nächsten Mülleimer entsorgen wie viele Halter die ihrer Hunde.

Rückschritte im Training

Lassen Sie sich von eventuell auftretenden Rückschritten während des Trainings nicht entmutigen. Überlegen Sie lieber, warum sie aufgetreten sind. Sind Sie bei den Lektionen zu schnell vorwärts gegangen? Oder haben Sie vielleicht zu lange nicht mehr geübt? Waren Sie nicht gründlich genug beim Generalisieren? Wo immer Sie den Fehler finden, steigen Sie mit dem nächst einfacheren Schritt wieder ein und setzen Sie die Lektionen fort.

Beobachten Sie Ihren Hund dabei und gehen Sie sicher, dass er die Lernschritte diesmal verstanden hat und freudig ausführt. Üben Sie aber auch nicht so viel, dass ihm das Training keinen Spaß mehr macht!

Gedanken zum Schluss

Hunde, die alles in sich reinfressen, haben ein Problem und deshalb muss ihnen geholfen werden. Abgesehen davon leben sie gefährlicher denn je, denn tatsächlich mehren sich die Meldungen über ausgelegte Köder, die mit Gift, Rasierklingen oder Glasscherben gespickt sind. Die betroffenen Hunde leiden Höllenqualen und sind – wenn überhaupt – nur mit intensiver medizinischer Betreuung zu retten. Schon allein deshalb ist es wichtig und sinnvoll ihnen beizubringen, nichts vom Boden aufzunehmen. Aversive Strafreize, deren Anwendung oft mit der Vermeidung dieser Gefahr gerechtfertigt werden soll, sind dabei nicht nur veraltet, sondern auch kontraproduktiv, weshalb sie keinesfalls eingesetzt werden sollten.

Die gute Nachricht: Das müssen sie auch nicht, denn es gibt gut durchdachte Trainingssysteme, die Ihnen und Ihrem Hund richtig viel Spaß auf dem Weg zum Ziel machen. Sie können gemeinsam lernen, als Team zusammenarbeiten und zuverlässige Trainingsergebnisse erzielen.

Ich werde oft gefragt, warum Hunde dazu bereit sind, die leckeren ausgelegten Köder liegen zu lassen und uns anzuzeigen, statt sie einfach schnell zu schlucken, insbesondere, wenn der Halter sie vielleicht noch gar nicht bemerkt hat. Abgesehen von der Belohnung und Anerkennung, die sie dafür bekommen, glaube ich, dass Hunde sehr zur Zusammenarbeit bereit sind, wenn sie sich als ein geachtetes und geliebtes Mitglied einer sozialen Gemeinschaft fühlen. In diesem Sinne wünsche ich Ihnen und Ihrem Hund viel Freude und Erfolg beim gemeinsamen Training. ☺

Dank

Mein besonderer Dank gilt Susanne Artmann und Elke Arun-Frank, die das Skript Korrektur gelesen haben, und unserer Grafikerin Annette Gevatter, die mit ihren Gestaltungsideen zum Gelingen dieses Buches beigetragen hat.

Jörg Hoffmann mit Hazel, Carsten Thiel mit Gustl, Evelyn Rickauer mit Flori und Michaela Rinner, Giza und Aslan danke ich für das Mitmachen bei den Fotoshootings, bei denen wir so viel Spaß hatten!

Und schließlich danke ich allen Hunden, von denen ich in den letzten 25 Jahren lernen durfte und allen Kunden, die mit ihren Anmerkungen und Ideen zur Entwicklung dieses Trainings beigetragen haben.

Bernau am Chiemsee im Juli 2018

Über die Autorin

Clarissa v. Reinhardt lebt und arbeitet seit 1993 mit Hunden und ist inzwischen durch zahlreiche Medienberichte, Seminarreisen und Publikationen einer breiteren Öffentlichkeit bekannt. Sie ist Trainerin, Buchautorin, Verlegerin für kynologische Fachliteratur und gefragte Referentin zum Thema Hund im In- und Ausland.

Das von ihr entwickelte Trainingskonzept der animal learn Methode wird in vielen Hundeschulen in Deutschland, der Schweiz, Österreich und Italien angewandt. Jährlich bildet sie in ihrem Ausbildungs- und Trainingszentrum in Bernau am Chiemsee weitere Trainer aus, die diese absolut gewaltfreie Erziehungsmethode weiter verbreiten.

Besonderen Wert legt sie bei ihrer Arbeit auf das Miteinander von Mensch und Hund. Dies bedeutet, dass nicht nur den Hunden Kommandos und Regeln beigebracht werden, die das tägliche Miteinander erleichtern, sondern dass auch die Hundehalter überdurchschnittlich gut in der Beobachtung und Führung ihrer Tiere geschult werden. Während der Lektionen in der Hundeschule wird dem Halter Fachwissen vermittelt, das ihn Situationen besser erkennen und verstehen lässt. Dadurch kann er adäquat und vorausschauend handeln.

Ihre klare Abgrenzung zu Starkzwangmethoden, die den Hund verängstigen oder ihm Schmerzen zufügen, wird nicht nur von Kunden, sondern auch von Kollegen geschätzt.

Literaturhinweise

animal Learn® VERLAG

Stress bei Hunden
mit einem Vorwort von Anders Hallgren
Martina Scholz,
Clarissa v. Reinhardt

Hardcover, 152 Seiten, durchgehend farbig,
ISBN: 978-3-936188-04-2

Stress bei Hunden – ein Thema, das immer mehr an Bedeutung gewinnt. Die Autorinnen zeigen in ihrem Buch, dass Stress nicht nur bei Menschen, sondern auch bei Hunden die Lern- und Konzentrationsfähigkeit erheblich beeinflusst und sogar zu Verhaltensauffälligkeiten und Krankheiten führen kann.

animal Learn® VERLAG

Calming Signals
Die Beschwichtigungssignale der Hunde
Turid Rugaas

Hardcover, 104 Seiten, mit zahlreichen Farbfotos und Fallbeispielen
ISBN: 978-3-936188-01-1

Turid Rugaas beschreibt in ihrem einzigartigen Buch, wie wir Menschen die Beschwichtigungssignale der Hunde erkennen, deuten und sogar selbst einsetzen können. So wird es jedem möglich, zu einem besseren Verständnis seines eigenen, aber auch fremder Hunde zu gelangen.

Wild Health –
Gesundheit aus der Wildnis
Cindy Engel

Hardcover, 360 Seiten, mit zahlreichen Fotos
ISBN: 978-3-936188-17-2

Tiere haben im Laufe der Evolution viele erfolgreiche Strategien zur Gesunderhaltung entwickelt. Dieses Buch enthält viele bemerkenswerte Beispiele darüber, wie sich Tiere selbst therapieren.